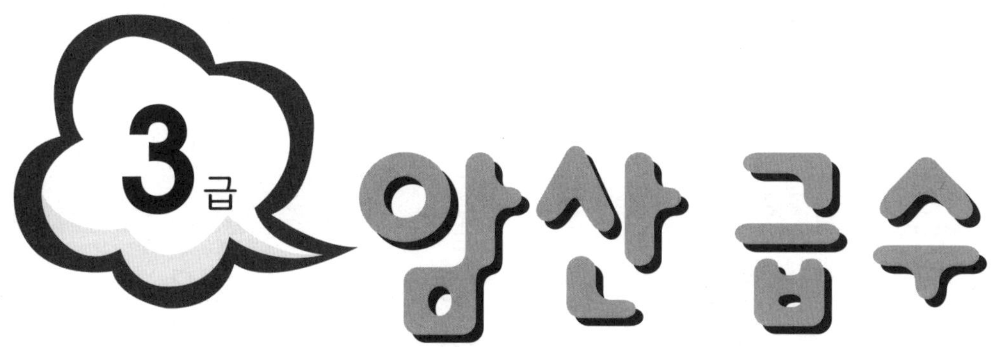

3급
암산 급수
대한암산수학연구소

세한시간 : 3분

걸린시간 : _____ 분 _____ 초

1	2	3	4	5
39	56	73	89	26
85	89	−38	16	74
−46	37	54	−22	89
62	−84	65	74	−92
−83	91	−86	48	63
54	42	92	−37	−14
91	−53	74	68	85

6	7	8	9	10
93	62	81	58	93
65	95	32	46	−48
−76	−89	−45	−39	82
81	44	39	56	−61
−59	83	57	−88	73
62	−47	−94	37	82
34	38	43	79	65

점수		확인	

제1회 승암산 **2교시** 제한시간 : 3분

3급

걸린시간 : _____ 분 _____ 초

1	267 × 5 =
2	645 × 3 =
3	342 × 7 =
4	586 × 8 =
5	956 × 2 =
6	258 × 9 =
7	864 × 4 =
8	321 × 5 =
9	689 × 6 =
10	742 × 2 =
11	9 × 332 =
12	6 × 546 =
13	7 × 123 =
14	9 × 741 =
15	4 × 638 =
16	7 × 245 =
17	5 × 459 =
18	2 × 578 =
19	3 × 156 =
20	8 × 892 =

점수   확인

걸린시간 : _____ 분 _____ 초

1	$492 \div 6 =$
2	$198 \div 9 =$
3	$368 \div 8 =$
4	$672 \div 7 =$
5	$522 \div 6 =$
6	$258 \div 3 =$
7	$342 \div 9 =$
8	$230 \div 5 =$
9	$168 \div 7 =$
10	$234 \div 9 =$
11	$354 \div 3 =$
12	$656 \div 4 =$
13	$728 \div 2 =$
14	$804 \div 6 =$
15	$944 \div 4 =$
16	$792 \div 3 =$
17	$968 \div 2 =$
18	$528 \div 4 =$
19	$770 \div 5 =$
20	$966 \div 7 =$

점수		확인	

제2회 가감암산 **1교시** 제한시간 : 3분

걸린시간 : _____ 분 _____ 초

1	2	3	4	5
91	48	80	23	61
26	72	63	98	83
-83	-59	79	45	-98
48	88	-84	-75	42
92	65	38	63	55
-19	92	-42	-56	74
74	-63	92	84	-27

6	7	8	9	10
19	78	52	81	92
81	32	83	56	23
-92	41	-79	38	-64
54	-63	84	-93	75
67	27	-47	47	-31
-38	94	31	72	86
45	-59	65	-29	47

점수 　　　확인

걸린시간 : _____ 분 _____ 초

1	$768 \times 5 =$
2	$924 \times 7 =$
3	$375 \times 8 =$
4	$541 \times 2 =$
5	$836 \times 6 =$
6	$492 \times 9 =$
7	$247 \times 2 =$
8	$613 \times 4 =$
9	$213 \times 8 =$
10	$945 \times 3 =$
11	$9 \times 132 =$
12	$8 \times 478 =$
13	$2 \times 324 =$
14	$7 \times 829 =$
15	$6 \times 617 =$
16	$4 \times 785 =$
17	$3 \times 802 =$
18	$5 \times 156 =$
19	$4 \times 934 =$
20	$9 \times 571 =$

점수		확인	

제2회
제암산 **3교시**

제한시간 : 3분

걸린시간 : _____ 분 _____ 초

1	$192 \div 6 =$
2	$285 \div 3 =$
3	$405 \div 9 =$
4	$168 \div 2 =$
5	$553 \div 7 =$
6	$384 \div 4 =$
7	$360 \div 8 =$
8	$216 \div 9 =$
9	$354 \div 6 =$
10	$172 \div 2 =$
11	$792 \div 4 =$
12	$992 \div 8 =$
13	$616 \div 4 =$
14	$804 \div 3 =$
15	$630 \div 5 =$
16	$889 \div 7 =$
17	$948 \div 2 =$
18	$920 \div 8 =$
19	$765 \div 5 =$
20	$954 \div 6 =$

점수 □　확인 □

걸린시간 : _____ 분 _____ 초

1	2	3	4	5
38	59	56	98	74
54	82	65	83	87
69	65	−72	52	62
−82	−79	69	−86	−98
41	53	75	91	66
−53	−38	−85	−77	53
75	29	99	94	−85

6	7	8	9	10
55	48	81	62	68
99	83	39	49	86
−81	76	−94	98	51
38	−52	86	−52	−69
96	83	−75	71	−47
−68	67	29	−65	83
43	−52	48	34	24

점수 □   확인 □

제3회 승암산 **2교시** 제한시간 : 3분

걸린시간 : _____ 분 _____ 초

1	192 × 5 =	
2	496 × 6 =	
3	627 × 9 =	
4	864 × 3 =	
5	719 × 8 =	
6	538 × 7 =	
7	729 × 8 =	
8	582 × 6 =	
9	876 × 4 =	
10	549 × 2 =	
11	9 × 112 =	
12	6 × 659 =	
13	3 × 498 =	
14	4 × 941 =	
15	2 × 787 =	
16	8 × 229 =	
17	6 × 392 =	
18	5 × 929 =	
19	7 × 284 =	
20	8 × 398 =	

점수　　　확인

걸린시간 : _____ 분 _____ 초

1	$552 \div 6 =$
2	$178 \div 2 =$
3	$472 \div 8 =$
4	$248 \div 4 =$
5	$774 \div 9 =$
6	$189 \div 3 =$
7	$602 \div 7 =$
8	$126 \div 2 =$
9	$228 \div 6 =$
10	$425 \div 5 =$
11	$345 \div 3 =$
12	$944 \div 8 =$
13	$728 \div 2 =$
14	$630 \div 5 =$
15	$786 \div 3 =$
16	$963 \div 9 =$
17	$512 \div 4 =$
18	$994 \div 7 =$
19	$856 \div 4 =$
20	$984 \div 8 =$

점수

확인

걸린시간 : _____ 분 _____ 초

1	2	3	4	5
41	85	36	58	73
65	58	75	79	49
-87	79	-84	19	28
59	-65	69	-64	-64
92	36	92	43	98
36	-98	83	-53	52
-75	49	-95	29	-89

6	7	8	9	10
29	63	49	58	85
83	54	63	89	29
-66	-79	39	-51	-32
48	93	-74	63	63
37	31	82	49	57
-54	46	91	-85	-96
73	-58	-67	38	28

점수 　　　　확인

걸린시간 : _____ 분 _____ 초

1	286 × 5 =
2	649 × 6 =
3	498 × 4 =
4	765 × 9 =
5	488 × 3 =
6	916 × 7 =
7	453 × 9 =
8	196 × 6 =
9	848 × 2 =
10	298 × 8 =
11	3 × 391 =
12	8 × 549 =
13	3 × 698 =
14	6 × 293 =
15	4 × 387 =
16	9 × 789 =
17	5 × 556 =
18	8 × 194 =
19	7 × 837 =
20	2 × 978 =

점수 | 확인

3교시

제한시간 : 3분

걸린시간 : _____ 분 _____ 초

1	$336 \div 6 =$
2	$196 \div 2 =$
3	$384 \div 8 =$
4	$104 \div 4 =$
5	$392 \div 7 =$
6	$168 \div 3 =$
7	$801 \div 9 =$
8	$184 \div 2 =$
9	$125 \div 5 =$
10	$252 \div 4 =$
11	$393 \div 3 =$
12	$798 \div 7 =$
13	$516 \div 4 =$
14	$936 \div 9 =$
15	$496 \div 2 =$
16	$870 \div 6 =$
17	$784 \div 7 =$
18	$904 \div 8 =$
19	$738 \div 6 =$
20	$575 \div 5 =$

점수　　　확인

걸린시간 : _____ 분 _____ 초

1	2	3	4	5
58	49	84	93	58
96	56	89	18	73
−78	−91	38	−72	−86
32	34	−86	62	98
67	62	54	28	−54
−48	−76	37	−89	26
52	89	−28	73	42

6	7	8	9	10
59	89	74	89	34
63	55	86	54	78
−96	73	−91	−65	−59
37	−64	43	47	32
89	37	−68	25	86
−58	−98	79	−81	−98
42	36	26	63	43

점수 □ 확인 □

제5회
승암산 **2교시** 제한시간 : 3분

걸린시간 : _____ 분 _____ 초

1	$849 \times 5 =$	
2	$587 \times 4 =$	
3	$493 \times 9 =$	
4	$675 \times 3 =$	
5	$948 \times 8 =$	
6	$671 \times 6 =$	
7	$498 \times 3 =$	
8	$821 \times 8 =$	
9	$745 \times 2 =$	
10	$398 \times 7 =$	
11	$4 \times 123 =$	
12	$5 \times 254 =$	
13	$7 \times 837 =$	
14	$2 \times 139 =$	
15	$9 \times 597 =$	
16	$6 \times 298 =$	
17	$3 \times 776 =$	
18	$9 \times 549 =$	
19	$8 \times 398 =$	
20	$2 \times 929 =$	

점수
확인

걸린시간 : _____ 분 _____ 초

1	432 ÷ 6 =
2	255 ÷ 3 =
3	688 ÷ 8 =
4	190 ÷ 2 =
5	432 ÷ 9 =
6	148 ÷ 4 =
7	595 ÷ 7 =
8	124 ÷ 2 =
9	245 ÷ 5 =
10	576 ÷ 8 =
11	336 ÷ 3 =
12	973 ÷ 7 =
13	624 ÷ 4 =
14	918 ÷ 9 =
15	734 ÷ 2 =
16	894 ÷ 6 =
17	459 ÷ 3 =
18	984 ÷ 6 =
19	855 ÷ 5 =
20	749 ÷ 7 =

점수　　　확인

걸린시간 : _____ 분 _____ 초

1	2	3	4	5
47	65	35	65	43
63	76	41	76	64
-41	-84	57	81	-75
26	46	-68	-98	86
58	51	92	57	-91
-19	-68	86	63	86
45	39	-65	-79	32

6	7	8	9	10
79	47	58	59	58
84	63	74	46	74
69	-35	-65	-85	-61
-85	86	83	97	59
23	73	38	68	83
64	-48	76	-94	37
-58	69	-91	57	-68

점수		확인	

걸린시간 : _____ 분 _____ 초

1	$469 \times 5 =$	
2	$678 \times 4 =$	
3	$386 \times 7 =$	
4	$821 \times 2 =$	
5	$397 \times 9 =$	
6	$286 \times 6 =$	
7	$749 \times 8 =$	
8	$278 \times 5 =$	
9	$756 \times 4 =$	
10	$567 \times 3 =$	
11	$9 \times 312 =$	
12	$3 \times 647 =$	
13	$6 \times 186 =$	
14	$4 \times 549 =$	
15	$8 \times 623 =$	
16	$7 \times 989 =$	
17	$9 \times 428 =$	
18	$2 \times 178 =$	
19	$5 \times 862 =$	
20	$8 \times 921 =$	

점수　　　　확인

제6회 제암산 | **3교시** | 제한시간 : 3분

걸린시간 : ______ 분 ______ 초

1	510 ÷ 6 =
2	166 ÷ 2 =
3	342 ÷ 9 =
4	380 ÷ 4 =
5	623 ÷ 7 =
6	171 ÷ 3 =
7	792 ÷ 8 =
8	128 ÷ 2 =
9	456 ÷ 6 =
10	260 ÷ 5 =
11	468 ÷ 3 =
12	945 ÷ 9 =
13	792 ÷ 2 =
14	936 ÷ 8 =
15	860 ÷ 4 =
16	994 ÷ 7 =
17	620 ÷ 5 =
18	888 ÷ 6 =
19	750 ÷ 3 =
20	976 ÷ 8 =

점수		확인	

걸린시간 : _____ 분 _____ 초

1	2	3	4	5
85	41	65	46	52
41	52	76	51	86
−68	36	−87	68	−41
73	−94	98	−73	39
54	57	54	65	98
68	−89	43	−39	−64
−75	76	−55	68	58

6	7	8	9	10
43	35	92	26	56
52	48	23	38	47
64	59	−74	49	−38
−75	−84	65	−58	29
86	12	29	75	65
97	63	−47	−63	74
−31	−95	86	52	−83

점 수		확 인	

걸린시간 : _____ 분 _____ 초

1	$312 \times 5 =$
2	$738 \times 2 =$
3	$478 \times 3 =$
4	$287 \times 9 =$
5	$943 \times 8 =$
6	$128 \times 6 =$
7	$528 \times 4 =$
8	$674 \times 8 =$
9	$756 \times 3 =$
10	$812 \times 6 =$
11	$8 \times 245 =$
12	$6 \times 364 =$
13	$7 \times 831 =$
14	$3 \times 657 =$
15	$9 \times 425 =$
16	$8 \times 162 =$
17	$2 \times 978 =$
18	$4 \times 539 =$
19	$8 \times 263 =$
20	$6 \times 567 =$

점수 　　　　 확인

걸린시간 : _____ 분 _____ 초

1	432 ÷ 6 =
2	258 ÷ 3 =
3	384 ÷ 8 =
4	198 ÷ 2 =
5	658 ÷ 7 =
6	208 ÷ 4 =
7	342 ÷ 6 =
8	210 ÷ 5 =
9	152 ÷ 2 =
10	592 ÷ 8 =
11	345 ÷ 3 =
12	992 ÷ 8 =
13	224 ÷ 2 =
14	812 ÷ 7 =
15	856 ÷ 4 =
16	927 ÷ 9 =
17	968 ÷ 2 =
18	984 ÷ 8 =
19	792 ÷ 3 =
20	828 ÷ 6 =

점수　　확인

제8회 가감암산 1교시 제한시간 : 3분

걸린시간 : _____ 분 _____ 초

1	2	3	4	5
54	67	98	46	93
63	-58	83	57	-65
-72	49	-76	-63	38
83	31	65	52	54
-94	42	-54	38	49
85	-84	43	49	-28
76	76	32	-42	67

6	7	8	9	10
34	42	42	51	49
81	51	57	73	51
-56	64	43	-85	-68
76	-75	-65	47	75
43	86	28	62	23
-98	-97	-76	39	56
65	89	54	-43	-98

점수 　　　　확인

걸린시간 : _____ 분 _____ 초

1	467 × 5 =	
2	627 × 6 =	
3	289 × 7 =	
4	587 × 8 =	
5	387 × 9 =	
6	654 × 2 =	
7	876 × 8 =	
8	478 × 3 =	
9	738 × 6 =	
10	917 × 4 =	
11	9 × 532 =	
12	5 × 737 =	
13	8 × 835 =	
14	3 × 625 =	
15	9 × 873 =	
16	3 × 267 =	
17	7 × 956 =	
18	6 × 478 =	
19	9 × 135 =	
20	3 × 378 =	

점수   확인

3교시

제한시간 : 3분

걸린시간 : _____ 분 _____ 초

1	534 ÷ 6 =	
2	136 ÷ 2 =	
3	651 ÷ 7 =	
4	216 ÷ 4 =	
5	608 ÷ 8 =	
6	147 ÷ 3 =	
7	567 ÷ 9 =	
8	372 ÷ 6 =	
9	693 ÷ 7 =	
10	445 ÷ 5 =	
11	378 ÷ 3 =	
12	920 ÷ 8 =	
13	762 ÷ 2 =	
14	972 ÷ 9 =	
15	496 ÷ 4 =	
16	812 ÷ 7 =	
17	724 ÷ 2 =	
18	515 ÷ 5 =	
19	501 ÷ 3 =	
20	960 ÷ 8 =	

점수		확인	

걸린시간 : ＿＿＿ 분 ＿＿＿ 초

1	2	3	4	5
94	86	78	36	45
58	48	56	57	36
15	-66	-84	68	54
47	48	65	-73	-75
-61	76	-72	48	64
58	-93	37	69	68
-76	26	54	-76	-95

6	7	8	9	10
59	36	72	34	76
68	47	85	53	52
-76	38	46	47	-81
54	-54	-54	-65	63
-83	72	63	48	-94
48	56	-81	76	56
91	-23	59	-54	38

점수 　　　　 확인

걸린시간 : _____ 분 _____ 초

1	$167 \times 5 =$	
2	$634 \times 7 =$	
3	$878 \times 2 =$	
4	$248 \times 8 =$	
5	$739 \times 9 =$	
6	$461 \times 6 =$	
7	$548 \times 5 =$	
8	$745 \times 3 =$	
9	$829 \times 2 =$	
10	$432 \times 8 =$	
11	$6 \times 332 =$	
12	$4 \times 748 =$	
13	$7 \times 674 =$	
14	$8 \times 987 =$	
15	$3 \times 573 =$	
16	$9 \times 289 =$	
17	$6 \times 987 =$	
18	$5 \times 363 =$	
19	$2 \times 138 =$	
20	$8 \times 567 =$	

점수　확인

걸린시간 : _____ 분 _____ 초

1	534 ÷ 6 =
2	222 ÷ 3 =
3	672 ÷ 8 =
4	184 ÷ 2 =
5	343 ÷ 7 =
6	196 ÷ 4 =
7	432 ÷ 9 =
8	201 ÷ 3 =
9	125 ÷ 5 =
10	564 ÷ 6 =
11	555 ÷ 3 =
12	928 ÷ 8 =
13	728 ÷ 2 =
14	954 ÷ 9 =
15	968 ÷ 4 =
16	896 ÷ 7 =
17	824 ÷ 8 =
18	970 ÷ 2 =
19	672 ÷ 6 =
20	620 ÷ 5 =

점수		확인	

제한시간 : 3분

걸린시간 : _____ 분 _____ 초

1	2	3	4	5
81	35	37	56	86
62	46	65	43	51
−53	52	49	48	−62
49	−41	−63	−76	94
65	68	88	45	43
97	54	42	−29	76
−34	−76	−65	76	−98

6	7	8	9	10
56	39	76	31	41
48	62	58	76	76
−71	−83	45	59	−54
95	54	−84	−73	45
63	76	97	45	68
42	58	−69	68	−83
−69	−95	54	−97	39

점수　　확인

걸린시간 : _____ 분 _____ 초

1	213 × 5 =
2	582 × 7 =
3	396 × 8 =
4	615 × 3 =
5	981 × 6 =
6	465 × 9 =
7	389 × 8 =
8	765 × 2 =
9	849 × 4 =
10	739 × 3 =
11	2 × 532 =
12	6 × 167 =
13	5 × 616 =
14	8 × 452 =
15	3 × 628 =
16	9 × 932 =
17	4 × 878 =
18	6 × 198 =
19	7 × 222 =
20	5 × 745 =

점수   확인

걸린시간 : _____ 분 _____ 초

1	504 ÷ 6 =
2	294 ÷ 3 =
3	801 ÷ 9 =
4	124 ÷ 2 =
5	651 ÷ 7 =
6	228 ÷ 4 =
7	624 ÷ 8 =
8	495 ÷ 5 =
9	774 ÷ 9 =
10	146 ÷ 2 =
11	351 ÷ 3 =
12	882 ÷ 7 =
13	770 ÷ 2 =
14	945 ÷ 9 =
15	504 ÷ 4 =
16	848 ÷ 8 =
17	642 ÷ 3 =
18	756 ÷ 6 =
19	630 ÷ 5 =
20	826 ÷ 7 =

점수 확인

제한시간 : 3분

걸린시간 : _____ 분 _____ 초

1	2	3	4	5
35	65	49	47	61
65	74	65	86	76
−82	−85	−87	21	−58
48	99	35	−63	97
76	−62	68	42	74
59	43	94	54	−53
−98	56	−56	−49	46

6	7	8	9	10
54	47	53	58	46
65	65	65	36	57
−82	−81	−76	48	−83
37	32	48	−91	65
65	65	36	85	48
98	94	−56	39	76
−76	−65	35	−67	−94

점수 　　　　확인

제11회
승암산 **2교시**　　제한시간 : 3분

걸린시간 : _____ 분 _____ 초

1	967 × 5 =
2	238 × 7 =
3	719 × 4 =
4	438 × 8 =
5	531 × 2 =
6	492 × 9 =
7	548 × 6 =
8	758 × 8 =
9	365 × 3 =
10	612 × 6 =
11	4 × 532 =
12	6 × 648 =
13	7 × 173 =
14	2 × 895 =
15	9 × 983 =
16	8 × 876 =
17	5 × 468 =
18	8 × 121 =
19	3 × 249 =
20	7 × 321 =

점수　　확인

걸린시간 : _____ 분 _____ 초

1	$288 \div 6 =$
2	$129 \div 3 =$
3	$672 \div 8 =$
4	$196 \div 2 =$
5	$531 \div 9 =$
6	$208 \div 4 =$
7	$595 \div 7 =$
8	$420 \div 5 =$
9	$384 \div 8 =$
10	$152 \div 2 =$
11	$342 \div 3 =$
12	$918 \div 9 =$
13	$972 \div 2 =$
14	$896 \div 7 =$
15	$624 \div 4 =$
16	$992 \div 8 =$
17	$970 \div 2 =$
18	$888 \div 6 =$
19	$770 \div 5 =$
20	$942 \div 3 =$

점수		확인	

제12회 가감암산 1교시 제한시간 : 3분

걸린시간 : _____ 분 _____ 초

1	2	3	4	5
46	95	65	57	51
65	47	83	83	86
-81	34	-57	48	38
36	-83	39	69	79
53	62	92	-82	-97
-69	56	-34	43	46
88	-44	71	-76	-65

6	7	8	9	10
96	63	66	57	46
79	58	49	68	58
48	-36	-57	39	-76
-32	48	43	65	38
63	-76	65	-98	84
-26	59	-82	46	46
58	54	34	-58	-54

점수 확인

걸린시간 : _____ 분 _____ 초

1	$413 \times 5 =$	
2	$748 \times 6 =$	
3	$356 \times 2 =$	
4	$138 \times 3 =$	
5	$289 \times 4 =$	
6	$847 \times 8 =$	
7	$689 \times 7 =$	
8	$476 \times 9 =$	
9	$287 \times 5 =$	
10	$925 \times 4 =$	
11	$9 \times 232 =$	
12	$6 \times 178 =$	
13	$4 \times 638 =$	
14	$3 \times 793 =$	
15	$9 \times 373 =$	
16	$8 \times 569 =$	
17	$5 \times 456 =$	
18	$7 \times 828 =$	
19	$2 \times 946 =$	
20	$3 \times 589 =$	

점수　　확인

제12회
제암산 **3교시** 제한시간 : 3분

걸린시간 : _____ 분 _____ 초

1	$348 \div 6 =$
2	$276 \div 3 =$
3	$783 \div 9 =$
4	$118 \div 2 =$
5	$266 \div 7 =$
6	$196 \div 4 =$
7	$472 \div 8 =$
8	$204 \div 3 =$
9	$504 \div 6 =$
10	$190 \div 2 =$
11	$792 \div 3 =$
12	$936 \div 9 =$
13	$870 \div 5 =$
14	$868 \div 7 =$
15	$992 \div 4 =$
16	$920 \div 8 =$
17	$725 \div 5 =$
18	$684 \div 6 =$
19	$468 \div 3 =$
20	$927 \div 9 =$

점수   확인

걸린시간 : _____ 분 _____ 초

1	2	3	4	5
54	43	58	41	54
63	58	94	65	66
-75	-82	36	-82	-81
86	36	59	37	36
47	59	-86	68	52
-68	63	23	94	-63
93	-24	-56	-56	58

6	7	8	9	10
86	93	56	46	46
58	54	42	55	58
-76	-68	38	-82	-76
41	36	29	75	35
65	25	-84	36	42
-89	46	65	58	-69
35	-57	-73	-43	95

점수 □ 확인 □

걸린시간 : _____ 분 _____ 초

1	817 × 5 =
2	784 × 6 =
3	987 × 2 =
4	568 × 8 =
5	389 × 7 =
6	759 × 4 =
7	832 × 3 =
8	485 × 9 =
9	654 × 6 =
10	127 × 5 =
11	9 × 582 =
12	6 × 463 =
13	3 × 587 =
14	8 × 398 =
15	7 × 678 =
16	5 × 981 =
17	9 × 262 =
18	4 × 188 =
19	7 × 652 =
20	8 × 245 =

점수		확인	

걸린시간 : _____ 분 _____ 초

1	534 ÷ 6 =
2	368 ÷ 4 =
3	738 ÷ 9 =
4	124 ÷ 2 =
5	644 ÷ 7 =
6	162 ÷ 3 =
7	512 ÷ 8 =
8	114 ÷ 2 =
9	570 ÷ 6 =
10	210 ÷ 5 =
11	477 ÷ 3 =
12	963 ÷ 9 =
13	732 ÷ 2 =
14	805 ÷ 7 =
15	856 ÷ 4 =
16	984 ÷ 6 =
17	728 ÷ 4 =
18	920 ÷ 8 =
19	462 ÷ 3 =
20	952 ÷ 7 =

점수 　　　　확인

제14회 가감암산 1교시 제한시간 : 3분

걸린시간 : _____ 분 _____ 초

1	2	3	4	5
65	63	83	46	51
76	42	95	58	42
-81	38	69	-61	68
98	-74	-76	36	-74
43	58	38	58	56
-65	-65	-87	-75	-63
36	31	42	64	46

6	7	8	9	10
62	82	65	57	47
56	64	47	63	62
-43	-58	-63	-48	34
76	36	58	83	58
51	48	63	64	-95
-68	-37	26	58	64
57	54	-54	-81	-57

점수		확인	

걸린시간 : _____ 분 _____ 초

1	254 × 5 =
2	346 × 7 =
3	745 × 4 =
4	876 × 8 =
5	956 × 9 =
6	129 × 2 =
7	875 × 7 =
8	674 × 6 =
9	786 × 8 =
10	487 × 3 =
11	9 × 532 =
12	5 × 345 =
13	6 × 247 =
14	3 × 638 =
15	8 × 423 =
16	9 × 673 =
17	6 × 189 =
18	2 × 378 =
19	7 × 557 =
20	4 × 925 =

점수

확인

| 제14회
제암산 | 3교시 | 제한시간 : 3분 |

걸린시간 : _____ 분 _____ 초

1	$474 \div 6 =$
2	$332 \div 4 =$
3	$424 \div 8 =$
4	$128 \div 2 =$
5	$405 \div 9 =$
6	$168 \div 3 =$
7	$693 \div 7 =$
8	$172 \div 2 =$
9	$600 \div 8 =$
10	$228 \div 4 =$
11	$345 \div 3 =$
12	$981 \div 9 =$
13	$730 \div 2 =$
14	$936 \div 6 =$
15	$501 \div 3 =$
16	$994 \div 7 =$
17	$848 \div 4 =$
18	$896 \div 8 =$
19	$824 \div 2 =$
20	$785 \div 5 =$

| 점수 | | 확인 | |

제한시간 : 3분

걸린시간 : _____ 분 _____ 초

1	2	3	4	5
46	49	74	57	43
52	65	36	64	65
76	48	−58	38	−84
48	−76	46	−76	76
−56	23	38	43	59
43	65	−65	−65	−81
−65	−48	36	58	53

6	7	8	9	10
62	53	55	46	54
31	64	63	57	76
65	−58	43	38	−56
48	63	−85	−65	39
−79	58	36	46	86
43	−76	57	−51	58
−25	42	−27	83	−36

점수　　확인

제15회 승암산 2교시 제한시간 : 3분

걸린시간 : _____ 분 _____ 초

1	$667 \times 5 =$	
2	$476 \times 7 =$	
3	$876 \times 2 =$	
4	$329 \times 9 =$	
5	$167 \times 8 =$	
6	$845 \times 3 =$	
7	$238 \times 2 =$	
8	$567 \times 4 =$	
9	$398 \times 6 =$	
10	$756 \times 8 =$	
11	$9 \times 932 =$	
12	$7 \times 432 =$	
13	$4 \times 692 =$	
14	$8 \times 894 =$	
15	$9 \times 527 =$	
16	$2 \times 648 =$	
17	$5 \times 769 =$	
18	$6 \times 145 =$	
19	$9 \times 986 =$	
20	$3 \times 234 =$	

점수 □   확인 □

걸린시간 : _____ 분 _____ 초

1	588 ÷ 6 =
2	248 ÷ 4 =
3	528 ÷ 8 =
4	146 ÷ 2 =
5	873 ÷ 9 =
6	198 ÷ 3 =
7	168 ÷ 7 =
8	156 ÷ 2 =
9	470 ÷ 5 =
10	344 ÷ 4 =
11	675 ÷ 3 =
12	972 ÷ 9 =
13	488 ÷ 2 =
14	795 ÷ 5 =
15	984 ÷ 8 =
16	468 ÷ 3 =
17	805 ÷ 7 =
18	504 ÷ 4 =
19	936 ÷ 9 =
20	230 ÷ 2 =

점수　　　확인

제16회 가감암산 1교시

제한시간 : 3분

걸린시간 : _____ 분 _____ 초

1	2	3	4	5
49	37	48	45	62
65	65	75	97	86
28	-75	-65	36	94
-54	48	76	29	-51
87	57	38	-64	46
52	-43	-67	59	11
-63	58	54	-82	-78

6	7	8	9	10
38	93	84	28	53
66	32	38	63	39
-45	-49	-69	49	76
21	52	52	-58	-89
75	-76	35	39	43
-19	49	29	82	-26
58	28	-97	-50	40

점수

확인

걸린시간 : _____ 분 _____ 초

1	267 × 5 =	
2	736 × 8 =	
3	578 × 4 =	
4	263 × 7 =	
5	845 × 6 =	
6	987 × 2 =	
7	476 × 8 =	
8	856 × 9 =	
9	384 × 7 =	
10	161 × 4 =	
11	9 × 832 =	
12	6 × 636 =	
13	8 × 576 =	
14	2 × 725 =	
15	5 × 234 =	
16	6 × 182 =	
17	7 × 946 =	
18	3 × 682 =	
19	8 × 453 =	
20	6 × 381 =	

점수　　　확인

3교시

제한시간 : 3분

걸린시간 : _____ 분 _____ 초

1	$156 \div 6 =$	
2	$252 \div 3 =$	
3	$176 \div 2 =$	
4	$413 \div 7 =$	
5	$340 \div 4 =$	
6	$432 \div 9 =$	
7	$288 \div 6 =$	
8	$208 \div 8 =$	
9	$152 \div 2 =$	
10	$665 \div 7 =$	
11	$681 \div 3 =$	
12	$909 \div 9 =$	
13	$870 \div 6 =$	
14	$758 \div 2 =$	
15	$948 \div 4 =$	
16	$575 \div 5 =$	
17	$786 \div 3 =$	
18	$976 \div 8 =$	
19	$882 \div 7 =$	
20	$230 \div 2 =$	

점
수

확
인

걸린시간 : _____ 분 _____ 초

1	2	3	4	5
65	56	45	57	74
82	43	64	25	82
36	23	−59	79	−69
73	−35	65	46	47
−98	23	94	−32	16
34	−16	−77	25	−58
−96	89	34	−56	26

6	7	8	9	10
78	48	69	68	36
42	32	36	23	51
−23	54	24	64	48
46	−91	−64	−86	−99
71	38	75	57	85
34	45	−96	75	53
−74	−90	80	−64	−67

점수

확인

제17회
승암산 **2교시**　　제한시간 : 3분

걸린시간 : ______ 분 ______ 초

1	963 × 5 =	
2	176 × 8 =	
3	875 × 4 =	
4	236 × 9 =	
5	578 × 8 =	
6	673 × 4 =	
7	647 × 6 =	
8	628 × 7 =	
9	754 × 2 =	
10	378 × 8 =	
11	7 × 932 =	
12	3 × 876 =	
13	6 × 471 =	
14	8 × 846 =	
15	3 × 387 =	
16	7 × 256 =	
17	6 × 736 =	
18	9 × 589 =	
19	3 × 456 =	
20	5 × 143 =	

점수　　확인

걸린시간 : _____ 분 _____ 초

1	$594 \div 6 =$
2	$172 \div 2 =$
3	$380 \div 4 =$
4	$496 \div 8 =$
5	$261 \div 3 =$
6	$441 \div 9 =$
7	$200 \div 8 =$
8	$430 \div 5 =$
9	$128 \div 2 =$
10	$399 \div 7 =$
11	$417 \div 3 =$
12	$912 \div 8 =$
13	$770 \div 5 =$
14	$963 \div 9 =$
15	$270 \div 2 =$
16	$624 \div 4 =$
17	$735 \div 3 =$
18	$875 \div 7 =$
19	$750 \div 6 =$
20	$860 \div 4 =$

점수

확인

제18회
가감암산 **1교시** 제한시간 : 3분

걸린시간 : _____ 분 _____ 초

1	2	3	4	5
53	53	48	63	49
97	41	66	75	85
48	64	−32	23	−74
19	−85	54	64	52
−46	74	−85	−51	−63
36	−69	91	63	92
−24	42	27	−72	28

6	7	8	9	10
34	48	93	85	43
92	82	59	79	17
−68	86	−81	16	96
73	−96	24	−85	−84
56	49	−56	50	48
−31	54	47	47	55
54	−75	39	−68	−29

점수		확인	

걸린시간 : _____ 분 _____ 초

1	261 × 5 =	
2	648 × 2 =	
3	734 × 8 =	
4	157 × 4 =	
5	835 × 6 =	
6	768 × 3 =	
7	298 × 8 =	
8	912 × 7 =	
9	437 × 9 =	
10	538 × 3 =	
11	9 × 831 =	
12	2 × 687 =	
13	9 × 265 =	
14	5 × 148 =	
15	2 × 765 =	
16	3 × 947 =	
17	7 × 485 =	
18	6 × 357 =	
19	4 × 556 =	
20	8 × 398 =	

점수   확인

| 제18회 제암산 | **3교시** | 제한시간 : 3분 |

걸린시간 : _____ 분 _____ 초

1	510 ÷ 6 =
2	141 ÷ 3 =
3	156 ÷ 2 =
4	558 ÷ 9 =
5	460 ÷ 5 =
6	196 ÷ 4 =
7	208 ÷ 8 =
8	168 ÷ 7 =
9	134 ÷ 2 =
10	470 ÷ 5 =
11	378 ÷ 3 =
12	981 ÷ 9 =
13	540 ÷ 4 =
14	805 ÷ 7 =
15	528 ÷ 2 =
16	984 ÷ 8 =
17	774 ÷ 6 =
18	630 ÷ 5 =
19	792 ÷ 3 =
20	224 ÷ 2 =

| 점수 | | 확인 | |

걸린시간 : _____ 분 _____ 초

1	2	3	4	5
15	79	62	78	56
36	58	39	31	49
96	−48	−21	−20	−48
−53	24	49	58	27
62	−35	86	37	69
−74	65	−58	−59	−10
85	54	40	82	32

6	7	8	9	10
78	68	46	48	46
67	36	65	76	58
−94	−84	−91	−39	−32
38	26	38	86	82
69	58	23	59	56
54	93	−58	−81	61
−72	−54	76	32	−14

점수		확인	

제19회
승암산 · **2교시** · 제한시간 : 3분

걸린시간 : _____ 분 _____ 초

1	593 × 5 =	
2	456 × 6 =	
3	265 × 7 =	
4	876 × 8 =	
5	983 × 2 =	
6	567 × 7 =	
7	156 × 3 =	
8	345 × 6 =	
9	651 × 4 =	
10	764 × 8 =	
11	9 × 112 =	
12	8 × 236 =	
13	4 × 381 =	
14	6 × 658 =	
15	5 × 745 =	
16	4 × 834 =	
17	3 × 902 =	
18	2 × 541 =	
19	7 × 682 =	
20	8 × 456 =	

점수 　　　　확인

걸린시간 : _____ 분 _____ 초

1	402 ÷ 6 =
2	252 ÷ 3 =
3	567 ÷ 9 =
4	672 ÷ 7 =
5	304 ÷ 4 =
6	344 ÷ 8 =
7	190 ÷ 2 =
8	372 ÷ 6 =
9	375 ÷ 5 =
10	440 ÷ 8 =
11	852 ÷ 3 =
12	963 ÷ 9 =
13	572 ÷ 2 =
14	702 ÷ 6 =
15	608 ÷ 4 =
16	938 ÷ 7 =
17	735 ÷ 5 =
18	524 ÷ 2 =
19	968 ÷ 8 =
20	860 ÷ 4 =

점수		확인	

제20회 가감암산 | **1교시** | 제한시간 : 3분

걸린시간 : _____ 분 _____ 초

1	2	3	4	5
24	91	37	73	80
89	23	45	28	36
−46	−37	29	−41	−52
63	55	−48	32	73
92	12	84	16	25
−31	78	−53	−84	69
75	−64	91	57	−14

6	7	8	9	10
56	32	84	91	17
72	69	32	12	89
34	13	−78	−29	−36
−81	−71	49	34	61
29	27	−53	78	24
−15	86	25	−46	58
93	−54	57	57	−42

점수		확인	

걸린시간 : _____ 분 _____ 초

1	967 × 5 =
2	487 × 8 =
3	698 × 7 =
4	346 × 9 =
5	578 × 3 =
6	634 × 4 =
7	187 × 6 =
8	879 × 5 =
9	278 × 8 =
10	298 × 2 =
11	9 × 431 =
12	2 × 145 =
13	4 × 723 =
14	8 × 658 =
15	3 × 745 =
16	7 × 986 =
17	4 × 563 =
18	8 × 381 =
19	3 × 564 =
20	6 × 892 =

점수   확인

3교시

제한시간 : 3분

걸린시간 : _____ 분 _____ 초

1	$504 \div 6 =$
2	$144 \div 4 =$
3	$513 \div 9 =$
4	$172 \div 2 =$
5	$588 \div 7 =$
6	$460 \div 5 =$
7	$600 \div 8 =$
8	$276 \div 3 =$
9	$118 \div 2 =$
10	$252 \div 4 =$
11	$468 \div 3 =$
12	$959 \div 7 =$
13	$448 \div 4 =$
14	$944 \div 8 =$
15	$795 \div 3 =$
16	$396 \div 2 =$
17	$918 \div 6 =$
18	$909 \div 9 =$
19	$715 \div 5 =$
20	$854 \div 7 =$

점수		확인	

걸린시간 : _____ 분 _____ 초

1	2	3	4	5
78	65	43	43	79
36	38	65	25	58
−67	−46	−82	49	−84
54	56	49	−86	49
26	82	86	97	31
−19	58	57	−53	−90
36	−94	−62	75	18

6	7	8	9	10
56	54	28	58	24
98	64	14	69	80
−69	−29	60	−82	−95
25	41	−36	19	25
73	−32	48	83	73
−16	45	−57	46	−36
49	74	82	−57	43

점수   확인

제21회
승암산 **2교시** 제한시간 : 3분

걸린시간 : _____ 분 _____ 초

1	162 × 5 =
2	783 × 8 =
3	451 × 3 =
4	685 × 9 =
5	289 × 8 =
6	365 × 4 =
7	827 × 2 =
8	476 × 3 =
9	846 × 6 =
10	983 × 7 =
11	9 × 234 =
12	8 × 658 =
13	2 × 365 =
14	3 × 727 =
15	5 × 864 =
16	6 × 784 =
17	4 × 946 =
18	8 × 572 =
19	5 × 178 =
20	7 × 587 =

점수 확인

걸린시간 : _______ 분 _______ 초

1	156 ÷ 6 =
2	711 ÷ 9 =
3	224 ÷ 4 =
4	172 ÷ 2 =
5	295 ÷ 5 =
6	343 ÷ 7 =
7	288 ÷ 6 =
8	392 ÷ 8 =
9	144 ÷ 3 =
10	176 ÷ 2 =
11	942 ÷ 3 =
12	999 ÷ 9 =
13	708 ÷ 2 =
14	820 ÷ 5 =
15	636 ÷ 4 =
16	812 ÷ 7 =
17	920 ÷ 8 =
18	762 ÷ 6 =
19	968 ÷ 4 =
20	745 ÷ 5 =

점수		확인	

걸린시간 : _____ 분 _____ 초

1	2	3	4	5
46	37	48	57	47
52	65	76	48	65
64	−53	32	−98	−98
−86	51	68	56	46
75	−90	−91	45	71
−69	36	−86	−65	86
64	96	69	79	−68

6	7	8	9	10
65	58	42	58	48
37	76	65	63	85
81	−41	87	−58	46
−95	39	36	76	−98
76	78	−54	−89	75
49	−96	69	45	−81
−62	36	−57	37	46

점수   확인

걸린시간 : _____ 분 _____ 초

1	$892 \times 5 =$	
2	$567 \times 6 =$	
3	$323 \times 7 =$	
4	$648 \times 8 =$	
5	$765 \times 5 =$	
6	$458 \times 6 =$	
7	$146 \times 3 =$	
8	$387 \times 9 =$	
9	$998 \times 4 =$	
10	$264 \times 3 =$	
11	$9 \times 534 =$	
12	$6 \times 638 =$	
13	$2 \times 965 =$	
14	$3 \times 467 =$	
15	$8 \times 189 =$	
16	$7 \times 481 =$	
17	$5 \times 298 =$	
18	$6 \times 841 =$	
19	$4 \times 362 =$	
20	$6 \times 789 =$	

점수 / 확인

대한암산 수학 연구소

걸린시간 : _____ 분 _____ 초

1	$564 \div 6 =$
2	$132 \div 3 =$
3	$531 \div 9 =$
4	$124 \div 2 =$
5	$688 \div 8 =$
6	$266 \div 7 =$
7	$738 \div 9 =$
8	$340 \div 4 =$
9	$140 \div 5 =$
10	$456 \div 8 =$
11	$342 \div 3 =$
12	$945 \div 9 =$
13	$778 \div 2 =$
14	$690 \div 6 =$
15	$512 \div 4 =$
16	$917 \div 7 =$
17	$976 \div 8 =$
18	$864 \div 4 =$
19	$504 \div 3 =$
20	$728 \div 2 =$

점수　　확인

제한시간 : 3분

걸린시간 : _____ 분 _____ 초

1	2	3	4	5
67	65	57	48	84
81	83	66	36	76
-74	-78	-44	52	98
56	65	86	-68	-61
-98	-89	-98	73	23
43	36	45	-61	-42
57	58	73	56	34

6	7	8	9	10
73	42	57	28	64
68	86	83	74	81
23	-74	16	56	-69
-98	81	-93	-99	87
56	-56	78	85	58
45	47	56	-37	-42
-88	53	-89	51	76

점수

확인

걸린시간 : _____ 분 _____ 초

1	392 × 5 =	
2	576 × 2 =	
3	836 × 3 =	
4	547 × 7 =	
5	287 × 8 =	
6	148 × 6 =	
7	925 × 5 =	
8	654 × 4 =	
9	658 × 8 =	
10	765 × 6 =	
11	9 × 832 =	
12	7 × 246 =	
13	3 × 754 =	
14	8 × 476 =	
15	2 × 933 =	
16	6 × 765 =	
17	9 × 121 =	
18	8 × 345 =	
19	4 × 456 =	
20	7 × 467 =	

점수		확인	

걸린시간 : _____ 분 _____ 초

1	408 ÷ 6 =
2	146 ÷ 2 =
3	765 ÷ 9 =
4	308 ÷ 7 =
5	236 ÷ 4 =
6	310 ÷ 5 =
7	704 ÷ 8 =
8	165 ÷ 3 =
9	190 ÷ 2 =
10	602 ÷ 7 =
11	471 ÷ 3 =
12	954 ÷ 9 =
13	860 ÷ 4 =
14	684 ÷ 6 =
15	760 ÷ 5 =
16	498 ÷ 2 =
17	868 ÷ 7 =
18	912 ÷ 8 =
19	790 ÷ 5 =
20	861 ÷ 7 =

점수		확인	

걸린시간 : _____ 분 _____ 초

1	2	3	4	5
82	86	86	57	68
51	49	57	86	73
-49	32	-94	35	-95
65	65	65	-83	34
70	-93	-76	68	65
-96	-51	32	37	-87
84	67	51	-91	64

6	7	8	9	10
58	69	53	47	68
76	54	32	56	46
-45	-61	46	48	-81
52	53	-81	-87	32
86	-86	65	64	65
-91	65	-98	-86	-76
65	36	56	58	67

점수　　확인

걸린시간 : ______ 분 ______ 초

1	361 × 5 =	
2	653 × 7 =	
3	876 × 3 =	
4	987 × 2 =	
5	543 × 4 =	
6	152 × 9 =	
7	876 × 6 =	
8	544 × 8 =	
9	658 × 3 =	
10	436 × 5 =	
11	9 × 238 =	
12	4 × 954 =	
13	7 × 765 =	
14	6 × 345 =	
15	8 × 576 =	
16	9 × 861 =	
17	3 × 456 =	
18	5 × 176 =	
19	7 × 232 =	
20	6 × 757 =	

점수 □   확인 □

제24회
제암산 **3교시**　　　제한시간 : 3분

걸린시간 : ______ 분 ______ 초

1	228 ÷ 6 =
2	392 ÷ 8 =
3	118 ÷ 2 =
4	486 ÷ 9 =
5	258 ÷ 3 =
6	296 ÷ 4 =
7	496 ÷ 8 =
8	128 ÷ 2 =
9	220 ÷ 5 =
10	595 ÷ 7 =
11	345 ÷ 3 =
12	909 ÷ 9 =
13	558 ÷ 2 =
14	777 ÷ 7 =
15	868 ÷ 4 =
16	984 ÷ 8 =
17	810 ÷ 5 =
18	756 ÷ 6 =
19	476 ÷ 2 =
20	417 ÷ 3 =

점수　　　확인

걸린시간 : ＿＿＿ 분 ＿＿＿ 초

1	2	3	4	5
49	25	38	72	65
64	89	66	94	83
−83	64	−59	16	−94
52	−96	22	38	79
−45	52	43	−85	48
16	73	−91	27	27
75	−18	25	−63	−56

6	7	8	9	10
93	28	38	72	64
52	83	99	68	39
64	−39	−52	−89	−72
−21	54	47	36	28
48	41	26	51	56
37	12	−64	−47	13
−86	−95	73	25	−85

점수		확인	

2교시

제한시간 : 3분

걸린시간 : _____ 분 _____ 초

1	564 × 5 =	
2	286 × 3 =	
3	345 × 8 =	
4	932 × 2 =	
5	863 × 4 =	
6	169 × 5 =	
7	712 × 6 =	
8	824 × 9 =	
9	375 × 7 =	
10	234 × 4 =	
11	9 × 252 =	
12	4 × 618 =	
13	2 × 781 =	
14	6 × 673 =	
15	8 × 498 =	
16	5 × 479 =	
17	3 × 562 =	
18	7 × 832 =	
19	9 × 964 =	
20	4 × 387 =	

점수

확인

제한시간 : 3분

걸린시간 : _____ 분 _____ 초

1	294 ÷ 6 =
2	172 ÷ 2 =
3	225 ÷ 5 =
4	544 ÷ 8 =
5	368 ÷ 4 =
6	756 ÷ 9 =
7	186 ÷ 3 =
8	196 ÷ 2 =
9	511 ÷ 7 =
10	245 ÷ 5 =
11	348 ÷ 3 =
12	972 ÷ 9 =
13	498 ÷ 2 =
14	868 ÷ 7 =
15	496 ÷ 4 =
16	672 ÷ 6 =
17	920 ÷ 8 =
18	488 ÷ 2 =
19	918 ÷ 9 =
20	584 ÷ 4 =

점수		확인	

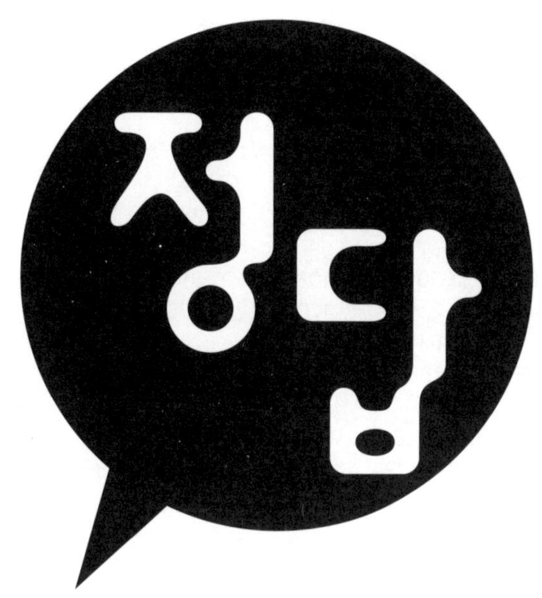
정답

28쪽_ 3교시
① 89 ② 74 ③ 84 ④ 92 ⑤ 49 ⑥ 49 ⑦ 48
⑧ 67 ⑨ 25 ⑩ 94 ⑪ 185 ⑫ 116 ⑬ 364 ⑭ 106
⑮ 242 ⑯ 128 ⑰ 103 ⑱ 485 ⑲ 112 ⑳ 124

제10회
29쪽_ 1교시
① 267 ② 138 ③ 153 ④ 163 ⑤ 190
⑥ 164 ⑦ 111 ⑧ 177 ⑨ 109 ⑩ 132
30쪽_ 2교시
① 1065 ② 4074 ③ 3168 ④ 1845 ⑤ 5886
⑥ 4185 ⑦ 3112 ⑧ 1530 ⑨ 3396 ⑩ 2217
⑪ 1064 ⑫ 1002 ⑬ 3080 ⑭ 3616 ⑮ 1884
⑯ 8388 ⑰ 3512 ⑱ 1188 ⑲ 1554 ⑳ 3725
31쪽_ 3교시
① 84 ② 98 ③ 89 ④ 62 ⑤ 93 ⑥ 57 ⑦ 78
⑧ 99 ⑨ 86 ⑩ 73 ⑪ 117 ⑫ 126 ⑬ 385 ⑭ 105
⑮ 126 ⑯ 106 ⑰ 214 ⑱ 126 ⑲ 126 ⑳ 118

제11회
32쪽_ 1교시
① 103 ② 190 ③ 168 ④ 138 ⑤ 243
⑥ 161 ⑦ 157 ⑧ 105 ⑨ 108 ⑩ 115
33쪽_ 2교시
① 4835 ② 1666 ③ 2876 ④ 3504 ⑤ 1062
⑥ 4428 ⑦ 3288 ⑧ 6064 ⑨ 1095 ⑩ 3672
⑪ 2128 ⑫ 3888 ⑬ 1211 ⑭ 1790 ⑮ 8847
⑯ 7008 ⑰ 2340 ⑱ 968 ⑲ 747 ⑳ 2247
34쪽_ 3교시
① 48 ② 43 ③ 84 ④ 98 ⑤ 59 ⑥ 52 ⑦ 85
⑧ 84 ⑨ 48 ⑩ 76 ⑪ 114 ⑫ 102 ⑬ 486 ⑭ 128
⑮ 156 ⑯ 124 ⑰ 485 ⑱ 148 ⑲ 154 ⑳ 314

제12회
35쪽_ 1교시
① 138 ② 167 ③ 259 ④ 142 ⑤ 138
⑥ 286 ⑦ 170 ⑧ 118 ⑨ 119 ⑩ 142
36쪽_ 2교시
① 2065 ② 4488 ③ 712 ④ 414 ⑤ 1156
⑥ 6776 ⑦ 4823 ⑧ 4284 ⑨ 1435 ⑩ 3700
⑪ 2088 ⑫ 1068 ⑬ 2552 ⑭ 2379 ⑮ 3357
⑯ 4552 ⑰ 2280 ⑱ 5796 ⑲ 1892 ⑳ 1767
37쪽_ 3교시
① 58 ② 92 ③ 87 ④ 59 ⑤ 38 ⑥ 49 ⑦ 59
⑧ 68 ⑨ 84 ⑩ 95 ⑪ 264 ⑫ 104 ⑬ 174 ⑭ 124
⑮ 248 ⑯ 115 ⑰ 145 ⑱ 114 ⑲ 156 ⑳ 103

제13회
38쪽_ 1교시
① 200 ② 153 ③ 128 ④ 167 ⑤ 122
⑥ 120 ⑦ 129 ⑧ 73 ⑨ 145 ⑩ 131
39쪽_ 2교시
① 4085 ② 4704 ③ 1974 ④ 4544 ⑤ 2723
⑥ 3036 ⑦ 2496 ⑧ 4365 ⑨ 3924 ⑩ 635
⑪ 5238 ⑫ 2778 ⑬ 1761 ⑭ 3184 ⑮ 4746
⑯ 4905 ⑰ 2358 ⑱ 752 ⑲ 4564 ⑳ 1960
40쪽_ 3교시
① 89 ② 92 ③ 82 ④ 62 ⑤ 92 ⑥ 54 ⑦ 64
⑧ 57 ⑨ 95 ⑩ 42 ⑪ 159 ⑫ 107 ⑬ 366 ⑭ 115
⑮ 214 ⑯ 164 ⑰ 182 ⑱ 115 ⑲ 154 ⑳ 136

제14회
41쪽_ 1교시
① 172 ② 93 ③ 164 ④ 126 ⑤ 126
⑥ 191 ⑦ 189 ⑧ 142 ⑨ 196 ⑩ 113
42쪽_ 2교시
① 1270 ② 2422 ③ 2980 ④ 7008 ⑤ 8604
⑥ 258 ⑦ 6125 ⑧ 4044 ⑨ 6288 ⑩ 1461
⑪ 4788 ⑫ 1725 ⑬ 1482 ⑭ 1914 ⑮ 3384
⑯ 6057 ⑰ 1134 ⑱ 756 ⑲ 3899 ⑳ 3700
43쪽_ 3교시
① 79 ② 83 ③ 53 ④ 64 ⑤ 45 ⑥ 56 ⑦ 99
⑧ 86 ⑨ 75 ⑩ 57 ⑪ 115 ⑫ 109 ⑬ 365 ⑭ 156
⑮ 167 ⑯ 142 ⑰ 212 ⑱ 112 ⑲ 412 ⑳ 157

제15회
44쪽_ 1교시
① 144 ② 126 ③ 107 ④ 119 ⑤ 131
⑥ 145 ⑦ 146 ⑧ 142 ⑨ 154 ⑩ 221
45쪽_ 2교시
① 3335 ② 3332 ③ 1752 ④ 2961 ⑤ 1336
⑥ 2535 ⑦ 476 ⑧ 2268 ⑨ 2388 ⑩ 6048
⑪ 8388 ⑫ 3024 ⑬ 2768 ⑭ 7152 ⑮ 4743
⑯ 1296 ⑰ 3845 ⑱ 870 ⑲ 8874 ⑳ 702
46쪽_ 3교시
① 98 ② 62 ③ 66 ④ 73 ⑤ 97 ⑥ 66 ⑦ 24
⑧ 78 ⑨ 94 ⑩ 86 ⑪ 225 ⑫ 108 ⑬ 244 ⑭ 159
⑮ 123 ⑯ 156 ⑰ 115 ⑱ 126 ⑲ 104 ⑳ 115

제16회
47쪽_ 1교시
① 164 ② 147 ③ 159 ④ 120 ⑤ 170
⑥ 194 ⑦ 129 ⑧ 72 ⑨ 153 ⑩ 136
48쪽_ 2교시
① 1335 ② 5888 ③ 2312 ④ 1841 ⑤ 5070
⑥ 1974 ⑦ 3808 ⑧ 7704 ⑨ 2688 ⑩ 644
⑪ 7488 ⑫ 3816 ⑬ 4608 ⑭ 1450 ⑮ 1170
⑯ 1092 ⑰ 6622 ⑱ 2046 ⑲ 3624 ⑳ 2286
49쪽_ 3교시
① 26 ② 84 ③ 88 ④ 59 ⑤ 85 ⑥ 48 ⑦ 48
⑧ 26 ⑨ 76 ⑩ 95 ⑪ 227 ⑫ 101 ⑬ 145 ⑭ 379
⑮ 237 ⑯ 115 ⑰ 262 ⑱ 122 ⑲ 126 ⑳ 115

제17회
50쪽_ 1교시
① 96 ② 183 ③ 166 ④ 144 ⑤ 118
⑥ 174 ⑦ 36 ⑧ 124 ⑨ 137 ⑩ 107
51쪽_ 2교시
① 4815 ② 1408 ③ 3500 ④ 2124 ⑤ 4624
⑥ 2692 ⑦ 3882 ⑧ 4396 ⑨ 1508 ⑩ 3024
⑪ 6524 ⑫ 2628 ⑬ 2826 ⑭ 6768 ⑮ 1161
⑯ 1792 ⑰ 4416 ⑱ 5301 ⑲ 1368 ⑳ 715
52쪽_ 3교시
① 99 ② 86 ③ 95 ④ 62 ⑤ 87 ⑥ 49 ⑦ 25
⑧ 86 ⑨ 64 ⑩ 57 ⑪ 139 ⑫ 114 ⑬ 154 ⑭ 107
⑮ 135 ⑯ 156 ⑰ 245 ⑱ 125 ⑲ 125 ⑳ 215

제18회
53쪽_ 1교시
① 183 ② 120 ③ 169 ④ 165 ⑤ 169
⑥ 210 ⑦ 148 ⑧ 125 ⑨ 124 ⑩ 146

54쪽_ 2교시

① 1305　② 1296　③ 5872　④ 628　⑤ 5010
⑥ 2304　⑦ 2384　⑧ 6384　⑨ 3933　⑩ 1614
⑪ 7479　⑫ 1374　⑬ 2385　⑭ 740　⑮ 1530
⑯ 2841　⑰ 3395　⑱ 2142　⑲ 2224　⑳ 3184

55쪽_ 3교시

① 85　② 47　③ 78　④ 62　⑤ 92　⑥ 49　⑦ 26
⑧ 24　⑨ 67　⑩ 94　⑪ 126　⑫ 109　⑬ 135　⑭ 115
⑮ 264　⑯ 123　⑰ 129　⑱ 126　⑲ 264　⑳ 112

제19회

56쪽_ 1교시

① 167　② 197　③ 197　④ 207　⑤ 175
⑥ 140　⑦ 143　⑧ 99　⑨ 181　⑩ 257

57쪽_ 2교시

① 2965　② 2736　③ 1855　④ 7008　⑤ 1966
⑥ 3969　⑦ 468　⑧ 2070　⑨ 2604　⑩ 6112
⑪ 1008　⑫ 1888　⑬ 1524　⑭ 3948　⑮ 3725
⑯ 3336　⑰ 2706　⑱ 1082　⑲ 4774　⑳ 3648

58쪽_ 3교시

① 67　② 84　③ 63　④ 96　⑤ 76　⑥ 43　⑦ 95
⑧ 62　⑨ 75　⑩ 55　⑪ 284　⑫ 107　⑬ 286　⑭ 117
⑮ 152　⑯ 134　⑰ 147　⑱ 262　⑲ 121　⑳ 215

제20회

59쪽_ 1교시

① 266　② 158　③ 185　④ 81　⑤ 217
⑥ 188　⑦ 102　⑧ 116　⑨ 197　⑩ 171

60쪽_ 2교시

① 4835　② 3896　③ 4886　④ 3114　⑤ 1734
⑥ 2536　⑦ 1122　⑧ 4395　⑨ 2224　⑩ 596
⑪ 3879　⑫ 290　⑬ 2892　⑭ 5264　⑮ 2235
⑯ 6902　⑰ 2252　⑱ 3048　⑲ 1692　⑳ 5352

61쪽_ 3교시

① 84　② 36　③ 57　④ 86　⑤ 84　⑥ 92　⑦ 75
⑧ 92　⑨ 59　⑩ 63　⑪ 156　⑫ 137　⑬ 112　⑭ 118
⑮ 265　⑯ 198　⑰ 153　⑱ 101　⑲ 143　⑳ 122

제21회

62쪽_ 1교시

① 144　② 159　③ 156　④ 150　⑤ 61
⑥ 216　⑦ 217　⑧ 139　⑨ 136　⑩ 114

63쪽_ 2교시

① 810　② 6264　③ 1353　④ 6165　⑤ 2312
⑥ 1460　⑦ 1654　⑧ 1428　⑨ 5076　⑩ 6881
⑪ 2106　⑫ 5264　⑬ 730　⑭ 2181　⑮ 4320
⑯ 4704　⑰ 3784　⑱ 4576　⑲ 890　⑳ 4109

64쪽_ 3교시

① 26　② 79　③ 56　④ 86　⑤ 59　⑥ 49　⑦ 48
⑧ 49　⑨ 48　⑩ 88　⑪ 314　⑫ 111　⑬ 354　⑭ 164
⑮ 159　⑯ 116　⑰ 115　⑱ 127　⑲ 242　⑳ 149

제22회

65쪽_ 1교시

① 146　② 142　③ 116　④ 122　⑤ 149
⑥ 151　⑦ 150　⑧ 188　⑨ 132　⑩ 121

66쪽_ 2교시

① 4460　② 3402　③ 2261　④ 5184　⑤ 3825
⑥ 2748　⑦ 438　⑧ 3483　⑨ 3992　⑩ 792
⑪ 4806　⑫ 3828　⑬ 1930　⑭ 1401　⑮ 1512
⑯ 3367　⑰ 1490　⑱ 5046　⑲ 1448　⑳ 4734

67쪽_ 3교시

① 94　② 44　③ 59　④ 62　⑤ 86　⑥ 38　⑦ 82
⑧ 85　⑨ 28　⑩ 57　⑪ 114　⑫ 106　⑬ [illegible]　⑭ 115
⑮ 128　⑯ 131　⑰ 122　⑱ 216　⑲ 168　⑳ 364

제23회

68쪽_ 1교시

① 132　② 140　③ 185　④ 136　⑤ 212
⑥ 79　⑦ 179　⑧ 108　⑨ 158　⑩ 255

69쪽_ 2교시

① 1960　② 1152　③ 2508　④ 3829　⑤ 2296
⑥ 888　⑦ 4625　⑧ 2616　⑨ 5264　⑩ 4590
⑪ 7488　⑫ 1722　⑬ 2262　⑭ 3808　⑮ 1866
⑯ 4590　⑰ 1089　⑱ 2760　⑲ 1824　⑳ 3269

70쪽_ 3교시

① 68　② 73　③ 85　④ 44　⑤ 59　⑥ 62　⑦ 88
⑧ 55　⑨ 95　⑩ 86　⑪ 157　⑫ 106　⑬ 215　⑭ 114
⑮ 152　⑯ 249　⑰ 124　⑱ 114　⑲ 158　⑳ 123

제24회

71쪽_ 1교시

① 207　② 155　③ 121　④ 109　⑤ 122
⑥ 201　⑦ 130　⑧ 73　⑨ 100　⑩ 121

72쪽_ 2교시

① 1805　② 4571　③ 2628　④ 1974　⑤ 2172
⑥ 1368　⑦ 5256　⑧ 4352　⑨ 1974　⑩ 2180
⑪ 2142　⑫ 3816　⑬ 5355　⑭ 2070　⑮ 4608
⑯ 7749　⑰ 1368　⑱ 880　⑲ 1624　⑳ 4542

73쪽_ 3교시

① 38　② 49　③ 59　④ 54　⑤ 86　⑥ 74　⑦ 62
⑧ 64　⑨ 44　⑩ 85　⑪ 115　⑫ 101　⑬ 279　⑭ 111
⑮ 217　⑯ 123　⑰ 162　⑱ 126　⑲ 238　⑳ 139

제25회

74쪽_ 1교시

① 128　② 189　③ 44　④ 99　⑤ 152
⑥ 187　⑦ 84　⑧ 167　⑨ 116　⑩ 43

75쪽_ 2교시

① 2820　② 858　③ 2760　④ 1864　⑤ 3452
⑥ 845　⑦ 4272　⑧ 7416　⑨ 2625　⑩ 936
⑪ 2268　⑫ 2472　⑬ 1562　⑭ 4038　⑮ 3984
⑯ 2395　⑰ 1686　⑱ 5824　⑲ 8676　⑳ 1548

76쪽_ 3교시

① 49　② 86　③ 45　④ 68　⑤ 92　⑥ 84　⑦ 62
⑧ 98　⑨ 73　⑩ 49　⑪ 116　⑫ 108　⑬ 249　⑭ 124
⑮ 124　⑯ 112　⑰ 115　⑱ 244　⑲ 102　⑳ 146